只要具備國中數學程度就能手到擒來
機率&統計超入門！

機率&統計
不懂公式也無妨

不使用複雜
的公式

採用對話形式
教學

難しい数式はまったくわかりませんが、
確率・統計を教えてください！

日本知識型 YouTuber Yobinori Takumi・著

許郁文・譯

楓葉社

前 言

　　回過神來，這個專為不擅長數學的人所撰寫的系列作也寫到第三集了。這個系列主要是在 60 分鐘之內，以國中程度的數學，講解數學或物理的主題。

　　令人興奮的是，第一集的微積分與第二集的相對論都得到「沒想到這麼簡單、這麼有趣！」的回應。

　　所以第三集打算介紹機率與統計。機率與統計比微積分或相對論更貼近我們的生活與工作，我覺得只要是上班族，都應該具備這門學問的知識與涵養。

　　大家都知道，隨著科技的發達，資訊早已氾濫成災，而且還真假難辨。不過，當我們具備機率或統計的知識，就能從眾多的資訊之中，一眼找出哪些是「虛假」的資訊。

　　其實我們在生活或工作的時候，總是要做很多的「決定」。

　　但應該有不少人都是「憑直覺」做決定的吧？

　　如果能學會機率與統計，就會發現「直覺」其實很不可靠。

　　儘管機率與統計是一門非常實用的學問，很多人卻覺得這門學問「沒有專業知識就無法理解」、「一定會使用一堆複雜的公式」。

　　在此要請大家放一百二十個心。想必大家已經知道，本系列是專

為不擅長數學的社會人士所編寫的課程，本書當然也不例外。

　本書將利用一些與生活吻合的例子，幫助大家徹底了解機率與統計的本質，而且只會用到簡單的加法與乘法而已。

　各位讀者在讀過本書之後，一定會有「我之前上的機率與統計課程到底是什麼啊？」的感想。

　由衷盼望能有更多人因為本書而擁有「理科腦」，這也將是作者最開心的事情。

Yobinori Takumi

傻瓜學機率＆統計
不懂公式也無妨

目錄

CONTENTS

第 1 章　什麼是機率？

第 2 章　什麼是統計？

登場人物介紹

⊡ Takumi 老師

關注度急速上升的知識型 YouTuber 與數學
講師。許多大學生與考生都異口同聲地說：
「Takumi 老師的課超好懂！」

⊡ 愛莉

於製造業擔任業務員，二十多歲女性。公認
與自認的文組，學生時代數學考試常常拿到
零分，是徹底的數學白痴。在上過 Takumi
老師的「微積分」與「相對論」課程之後，
似乎對數學方面的話題沒那麼排斥了。

機率與統計是
上班族的必修課！

⊡「機率與統計」到底有什麼用啊？

愛莉，好久不見呀。

這次的數學課是「機率與統計」囉。

妳對「機率與統計」有什麼印象呢？

我很常聽到機率，感覺好像有點懂。

但是統計的話，大概只在電視新聞聽過，而且也聽不

懂……我這種一般人也用得到統計嗎？

顧名思義，機率與統計就是「機率」與「統計」這兩個數

學學科。若硬要說這兩個學科有什麼共通之處，那就是它

們都是**處理「不確定的事物」的學問**。

處理不確定的事物⋯⋯？

⊡ 機率與統計的作用在於釐清「不確定的事物」

 全世界有很多我們不懂的事情對吧，尤其是未來，更是讓人難以捉摸。

 難以捉摸啊⋯⋯的確，未來沒有所謂的「絕對」，對吧？

 對，未來基本上是「不確定」的，但在面對這類不確定的時候，到底是選擇「放棄」還是選擇「面對」，結果可是大不相同喲。

 生而為人，努力很重要對吧！

13

沒錯！若想面對這些不確定，可以利用數學處理這類看似偶然的事物。這裡說的數學就是機率與統計。

⊡ 利用「國中數學」重新學習機率與統計！

 原來如此，面對未來啊……聽起來好像很難……。

 沒有想像中的難喲！
只要會加法與乘法，就能大致了解機率與統計的基礎。

 真、真的嗎？那我說不定也學得會……這讓我覺得機率與統計好像很有趣耶！

學會機率與統計，就能制定「優質方案」

■ 機率與統計也是商業上的一大利器！

 我大概知道機率與統計是實用的學問了，但是像我這種一般人，學這個有什麼用嗎？

 就算退一萬步來講，**也是超有用的喲！**

 就算是我這種平凡的上班族嗎？

 若從上班族的角度來看，機率與統計可幫助我們制定**「優質方案」**。

 出現聽起來很高級的商業用語了……(汗)。

聽起來很帥對吧（笑）。比方說，某間公司打算投資某個領域，但理由只是「好像會賺錢」的話，這公司應該有點危險吧。

我們公司好像就是這樣（汗）。

那還不趕快跳槽（笑）。如果是體質健全的公司，應該會根據**「這項投資有多少成功機率，又能獲利多少」**的觀點決定是否投資。

這種公司聽起來很高端耶！

這種公司才算「正常」喲（笑）。
機率與統計的最大優點就是能幫助我們在面對未來時，盡可能做出正確的選擇。接下來就讓我透過一些實際的例子講解機率與統計吧。

學會機率與統計，就能看穿「社會假象」

□ 什麼是能夠透過機率與統計看穿的「社會假象」？

 學習機率與統計的好處之一，就是不會再被「**社會的假象矇騙**」。

 社會假象？

 讓我舉個簡單的例子吧。

比方說，某間補習班宣稱今年的考試合格「人數」是去年的2倍。愛莉，妳會覺得這間補習班變得更厲害了嗎？

 當然啊，合格人數增加就代表變厲害了吧？有可能裡面的老師變得更會教了……。

其實，若只有「合格人數」的數據，是無法斷言這間補習班變厲害的喲。假設這間補習班的學生人數也增加了1倍，那麼這間補習班的學生考上第一志願的比例其實跟去年一樣。

 啊，真的耶！差點被騙了（汗）。

 其他還有很極端的例子喲。比方說，為了帶風向而故意只給妳看一部分片面的資料，這都是很常見的例子。

 這麼說來，這類例子真的很多耶！

 會被這種假象矇騙的人，往往缺乏機率與統計的知識，也無法分析資料。

▣ 利用機率與統計的知識，看穿「奇蹟」

 原來機率與統計是看穿謊言的學問啊！感覺超有用的啊！

學習機率與統計之後，會變得對「命運」或「奇蹟」這類字眼特別敏感。

 命運？奇蹟？這跟機率與統計也有關係嗎？

 有啊，比方說，愛莉妳還是學生的時候，班上有沒有跟妳同一天生日的同學？

 呃……我是沒有，不過班上有同學是同一天生日的。

 這時候有可能會覺得「這就是命運啊」，如果剛好是男女生同一天生日，其他同學可能會亂起哄，大喊「你們倆乾脆交往算了」，對吧？

 真的很容易變這樣耶！

 不過呢，假設班上有超過23名同學，就有50%的機率會出現同一天生日的同學。

啊？意思是，兩班裡面有一班出現生日同一天的人也不稀奇？

 就計算結果而言，的確就是這樣喲。就算是只有五個人的小團體，也有3%左右的機率出現同一天生日的人。

 只有五人也有3%的機率？

 假設是人數達七十人左右的團體，這個機率就會超過99%。

 這麼說來……根本不能說是什麼命運嘛（汗）。

 也就是說，班上有人同一天生日根本沒什麼好大驚小怪的。

▣ 正確判斷日常生活之中的「奇蹟」

 假設跟我同一天生日的同學是帥哥的話，只要旁邊的人一說「我們是命中註定的一對」，我一定會立刻相信……。

說不定愛莉是很容易喜歡上別人的人（笑）。其實這世界充滿了很多有違直覺的事情，只要懂得計算機率就不難發現囉。

的確，我也覺得自己看事情的角度有些改變……。

學會機率與統計之後，就能像愛莉這樣正確計算與了解在日常生活之中發生的「奇蹟」了。

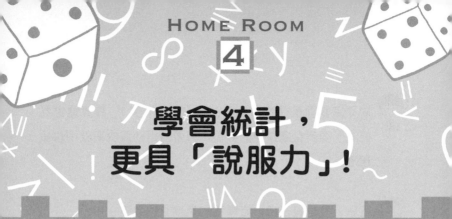

HOME ROOM 4

學會統計，更具「說服力」！

統計學能夠改變社會

 機率真的用處多多啊。那學會「統計」又有什麼好處呢？

 統計已經是在社會生活的必備技能，許多業界也都需要這項技能。

 在社會生活的必備技能？

 據說，統計學是於17世紀由英國經濟學家約翰格朗特創始的學問。他曾經在分析倫敦教會的死亡記錄之後，根據死者的特質與生活環境發表《關於死亡率的自然觀察和政治觀察》的論文，對當時的政治帶來深刻的影響。

17世紀的話……就是1600年代耶，沒想到統計的歷史有這麼悠久啊……。

□「白衣天使」其實原本是統計學者！

若說還有什麼較具代表性的例子，那就是在19世紀爆發的克里米亞戰爭之中，奉獻自己的南丁格爾，她也是一位很有名的統計學者。

什麼！南丁格爾不就是那位被稱為「白衣天使」的護理師嗎？

大部分的人一聽到南丁格爾，都會想到她是「在戰場治療大批傷兵，奉獻自己的護理師」對吧。

嗯，我也是這麼想。

她當然是偉大的護理師，但是她最被推崇的事蹟，莫過於她是第一位將統計學帶入醫療領域的人。

什麼！所以南丁格爾本來是名偉大的學者？

◉ 一位護理師，利用統計學改變了社會

 在富裕的家庭出生的南丁格爾會說多國語言，也受過非常良好的教育。

當時在戰地醫院照顧傷兵的南丁格爾曾抗議醫院的環境非常不衛生，也成功地改善了醫院的衛生環境，而讓死亡人數大幅下降。

 好厲害……這簡直就是偉人了吧？可是這跟統計又有什麼關係呢？

 當時的護理師算是人微言輕的一群人，沒有什麼人願意聽她們說話，但是南丁格爾卻在大量分析資料之後主張「醫院是士兵死亡主因」，同時提出許多統計相關的數據佐證。既然都提出數據了，掌權者當然也不得不採納她的意見。

所以才會備受社會大眾好評啊……。

沒錯，在當時的英國，女性與護理師的地位應該遠比現代來得低，所以這也是證明統計學與「數據」多麼具有說服力的例子。

統計真的是用來說服別人的利器啊！

學會統計，就能「掌握使用資料的技巧」！

▣ 機率與統計是於「資訊社會」生存的必備技能！

每次有人拿出數據跟我說「這些是相關的資料」，我都會有「原來是這樣啊！」感覺。

的確，與別人聊天的時候，的確能透過統計學大幅提升說服力。

不過，資料其實也沒那麼容易處理。現在已是資訊科技非常發達的時代，誰都能隨時取得大量的資訊，但每個人也可以斷章取義，利用局部的資料製造謊話。

就像剛剛補習班的例子對吧。

沒錯，剛剛補習班的例子就刻意不提「學生總人數」，只拿出及格人數誇大自家補習班的實力。

若以不同的角度或切入點解釋統計數據，就能捏造不具任何公信力的資訊。

 所以說統計學雖然好用，卻也有這麼可怕的一面啊。

 就我的經驗來看，網路文章大部分都有「斷章取義的毛病」。

 什麼！大部分都有嗎？

 嗯，就算是電視新聞或報社的報導，也要試著問問自己：「哪篇報導說的是真的？」

 看來統計學真是一門實用卻又能拿來耍詐的學問啊！

▣ 上班族必備的資訊判讀力！

 真的是這樣沒錯。現在是資訊爆炸的時代，到處充斥著虛假的資訊。只有學會機率與統計，才能導出正確的決策，或是迅速找到優質資訊。換言之，機率與統計就是上班族必備的資訊判讀力！

 聽起來機率與統計是超酷的學問耶！那Takumi老師，這次也要麻煩你教教我囉！

第 **1** 章

什麼是機率？

LESSON

1

機率就是「某個事件或現象有多麼容易發生的可能性」

□ 「機率」到底是什麼？

一開始先從機率的基本知識教起吧。愛莉應該在學校學過機率，但還記得多少呢？

嗯，大概記得一點，比方說，10次發生1次的話，就是機率有10%的意思對吧？

呵呵，大概就是這樣沒錯！

這點常識我還是有的啦（笑）！

接著讓我們以數學表示剛剛愛莉提到的機率吧。

> 機率就是某個事情或現象（事件）
> 有多麼容易發生的程度

 聽起來好像有點難！

 愛莉，先不要慌，冷靜讀讀看這句話（笑）。其實沒有那麼難喲。

 老、老師對不起（笑）。不過，這聽起來真的很不像平常會說的話耶……。

 那讓我們換句話說吧。

> 「某個事情或現象（事件）
> 發生的可能性」稱為機率

⊡ 某個事件「發生的可能性」

 我好像懂老師要說的意思了！

 這種「事件A發生的機率」就寫成P（A）。

 什麼！又出現很艱深的符號了……。

 乍看之下很難，但這裡的「P」其實就是「Probability（機率）」這個英文單字的字首而已。

 原來如此……。知道「P是字首」之後，好像就沒那麼難了！

 接著讓我們了解計算機率的方法吧。

LESSON

2

試著計算機率！

 銅板擲出「反面」的機率有多少？

我大概知道「機率」是什麼意思了，但還是不知道該怎麼計算……計算應該很難吧？

其實計算也沒那麼難喲。
機率可利用下列的除法計算。

$$p(A) = \frac{\text{事件 A 發生的情況的種類}}{\text{所有可能發生的情況}}$$

Takumi 老師，這……。

我知道，這看起來好像很難，但讓我們想想看擲銅板的例

子吧。

就是「擲完銅板之後，到底是反面還是正面」的例子對吧？

沒錯。擲銅板只會發生有「正面」或「反面」這兩種事件對吧？
所以擲銅板只有「兩種事件」。

對啊，因為丟完銅板後，不是出現正面，就是出現反面呀。除非「銅板立著沒倒下」……。

「銅板立著沒倒下」這種事件非常罕見，說不定還可以上傳至YouTube，所以忽略這種事件就好（笑）。

也是啦……（笑）。

計算機率的時候，會將這種「事件的數量」說成「情況的數量」，而擲銅板則有「兩種情況」，所以可用下面這句話說明擲銅板的情況。

擲銅板的所有情況

= 反面與正面這兩種

= 2

 這是因為擲銅板的結果不是**反面就是正面**,就是二選一的意思對吧!

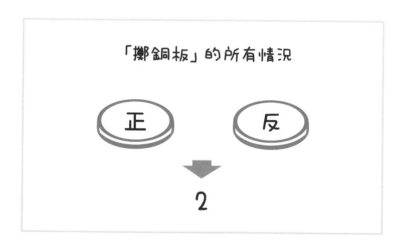

「擲銅板」的所有情況

正　　　　反

2

 愛莉很聰明耶,有注意到「二選一」這個部分!

擲銅板,出現「反面」的結果,就是二選一之中的一種。

因此可以得出下面這個結論。

事件A（出現反面）的情況 = 1

 這意思是……之後只需要套用公式就能算出機率了耶！

 沒錯！

若是套入公式，就能得到下面這個結果。

$$p(A) = \frac{\text{事件A發生的情況的種類}}{\text{所有可能發生的情況}}$$

$$= \frac{1}{2}$$

既然機率是 $\frac{1}{2}$ ，代表「每2次會發生1次」。

乍看之下很難，但只要按部就班，就能以簡單的公式算出機率耶！

⚀ 骰子出現「1點」的機率是？

接著讓我們想想看丟骰子的例子吧。這時候「所有可能發生的情況」會有幾種呢？

呃……？

骰子總共有1、2、3、4、5、6這幾種點數，所以這幾種點數的總和就是「所有可能發生的情況的種類」。

也就是說，骰子有1～6點，所以「所有可能發生的情況的種類」有6種？

就是這個意思。

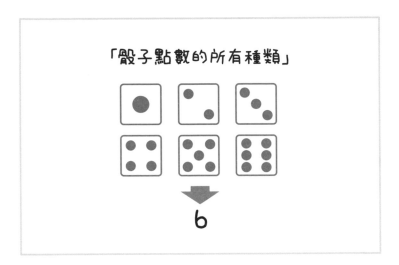

 那麼，出現「2點」的情況有幾種？

 要出現2點的話，就只有骰子丟出2點的時候，所以只有1種吧？

 沒錯。
因此，出現「2點」的情況只有「1」種。讓我們將這個結果套入機率的公式吧。

$$p(A) = \frac{事件 A 發生的情況的種類}{所有可能發生的情況}$$

$$= \frac{1}{6}$$

 也就是說,丟出2點的機率是 $\frac{1}{6}$!

 這就是計算機率的方法。只要算出「所有可能發生的情況的種類」以及「事件 A 發生的情況的種類」,再讓兩個相除,就能算出機率。

 只看文字的話,還是覺得有點難,但我大概抓到意思了!所以機率的課程就結束了?

 其實還有需要特別注意的部分。那就是該怎麼計算「可能發生的情況有幾種」。

LESSON 3

機率的重點在於
「相同的可能性」

「相同的可能性」呢？

 Takumi 老師，你剛剛說「該怎麼計算可能發生的情況有幾種」是要特別注意的地方，這到底是什麼意思呢？

「情況的種類」可在計算有幾種情況之後求出。
不過以剛剛的銅板或骰子而言，每種可能發生的情況都具有「相同的可能性」。

 相同的可能性？

 這個單字有點難解釋，就算是懂數學的人，也不見得真的了解這個單字的意思。

呃……那我就更不可能懂了吧（汗）。

放心，我會仔細說明的，而且，這可是非常重要的部分。
讓我們以擲銅板的情況說明吧。
在剛剛計算機率的時候，我們知道擲銅板只會出現正面與
反面這兩種情況，對吧？

嗯，對啊，不是正面就是反面。

所謂的「相同的可能性」就是指**「出現正面與反面的比例」**相同。

意思是「出現的機率相同」嗎？

感覺上是這樣沒錯，但在定義「機率」的時候，不應該使
用「機率」這個詞，所以才會說成「相同的可能性」。

嗯，原來有這層顧慮啊，那麼為什麼有「相同的可能性」
那麼重要呢？

因為當各種情況發生的可能性不同時，就有可能算出錯誤的機率。這部分會在下一節說明喲。

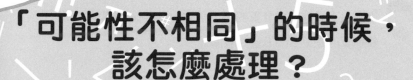

LESSON 4

「可能性不相同」的時候，該怎麼處理？

⊡ 計算出現「偶數點數」的方法

 接著讓我們一起討論「可能性不相同」的情況吧。

 簡單來說，就是「銅板的正面與反面出現的比例不相等」對吧？

 沒錯，不過為了更容易了解，讓我們透過骰子說明吧。讓我們先計算「偶數點數」出現的機率。

 呃……「所有可能發生的情況」應該跟剛剛一樣是「6」吧？

沒錯，不過這次要計算的是「偶數點數」這個事件，所以要計算的是2、4、6這3種情況。

 所以應該是下面這個算式嗎？

$$p(A) = \frac{3}{6} = \frac{1}{2}$$

 愛莉，你真聰明！就是這個算式。

⊡ 如果是有相同點數的「骰子」呢？

 不過，這是具有「相同的可能性」的算式，對吧？

 觀察力真是敏銳。
這的確是具有「相同的可能性」的算式。接著讓我們想想「骰子的每個點數不具有相同的可能性」是什麼情況吧。

「每個點數不具有相同的可能性」？這是什麼意思？

比方說，骰子的點數長成下面這張圖的樣子。

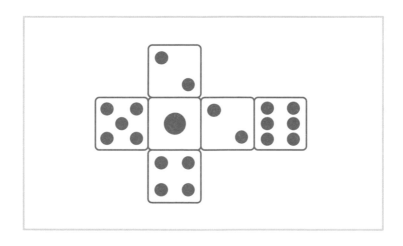

這種圖稱為「展開圖」。

從這張圖可以發現，這個骰子沒有「3」點，而且有2個2點。

也就是「不會出現3點的骰子」啊……。

那麼該怎麼用這顆骰子計算「偶數點數」的出現機率呢？

首先要計算的是「所有可能發生的情況」，也就是1、2、4、5、6這5種對吧。接著是會出現偶數點數的2、4、6，也就是只有3種……。

聽好，這就是很容易搞錯的部分嘞！

◉ 計算「相同可能性的情況」有幾種

由於這個骰子的「2點」的出現比例較高，所以可得出**「每種點數出現的可能性不相同」**的結論。

感覺這種骰子可以拿來耍詐……。

計算機率的時候，可計算「相同可能性的情況」有幾種，藉此算出正確的機率。

相同可能性的情況？
可是，這顆骰子是「可能性不相同的骰子」對吧？

比方說，以下面的方式敘述可能出現的點數，各種點數就具有「相同的可能性」喲。

【3點為2點的骰子】
1、2（5的背面）、2（4的背面）、4、5、6

就算乍看之下都是「2點」，只要算成不同的情況，那麼各種點數就具有「相同的可能性」。

 2（5的背面）與2（4的背面）……意思是，就算都是2點，只要算成兩種情況就可以了！

 骰子跟剛剛的圖一樣，都有6個面，每丟一次，一定會有1個面朝上，所以這顆骰子在「一定會有1個面朝上」這點，跟一般的骰子一樣，具有「相同的可能性」。

因此，就算都是2點，只要分成「位於5的背面的2」與「位於4的背面的2」，出現的比例就算是一樣的了。

原來如此⋯⋯。

那該怎麼在這種情況計算呢。

 所有可能發生的情況有6種，而出現偶數點數的情況有「2（5的背面）」、「2（4的背面）、4、6」這4種，所以可利用下面的算式求出結果。

$$p(A) = \frac{4}{6} = \frac{2}{3}$$

 「在可能性相同的情況下計算可能發生的情況有幾種」真的很重要耶！

● 明星爆紅的機率？

 接著讓我們以「明星會不會爆紅」這個有趣的題目想想看「可能性不相同」的情況吧。

情況也只有「紅與不紅」2種，對吧？

 乍看之下，的確是如此。
不過，也不能就這樣斷言會紅的機率是 $\frac{1}{2}$ 喲。

 真的耶！
如果有 $\frac{1}{2}$ 的機率會紅，那我也要賭一把（笑）。

 若從比例來看，「不紅」的人遠遠多於「爆紅」的人對吧？

 換言之，「紅」與「不紅」不具有「相同的可能性」？

 沒錯，就是這個意思！
把比例不同的東西放在一起計算，就是**「可能性不相同」的計算方式**。一如計算這個明星爆紅機率的例子，要時時反問自己：「這樣計算真的沒有問題嗎？」

也就是要確認「所有的比例是不是相同」對吧？

 沒錯，這就是所謂的「相同的可能性」囉。

LESSON 5

「抽獎」的先後
會有差別嗎？

▪「抽獎」的中獎機率？

 愛莉應該已經了解「相同的可能性」在計算機率的時候有
多麼重要了，對吧？

 只要情況的種類算錯，就會算出錯誤的機率對吧……。

 接著要請愛莉想想「計算種類的方法」。
愛莉，妳喜歡「抽獎」嗎？

 抽獎嗎？
不久之前，我還很常參加百貨公司或商店街的抽獎耶！
我每次抽獎都超興奮的！

有時候超商也會舉辦抽獎送贈品的活動對吧。這次讓我們來想想看這種抽獎的機率吧。

比方說，眼前有個箱子，裡面放了5張籤，上面寫著「中獎」的籤只有1張，其他都寫「謝謝惠顧」。然後讓A與B這2個人輪流將手伸進去抽籤。

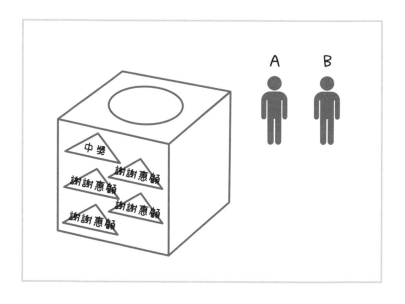

假設抽完的籤不能放回箱子，那麼愛莉妳要先抽還是後抽？

啊？如果有人先抽到「中獎」的籤，那後面就只剩「謝謝惠顧」了吧？這樣的話，我當然要先抽！

 不過愛莉妳仔細想想，抽過的籤不能放回箱子喔，所以Ａ如果抽到「謝謝惠顧」的籤，妳抽到「中獎」的機率說不定就會增加喲。

 呃……老師故意說這話讓我動搖的吧～（笑）。

一旦覺得自己是「當事人」，就會想先抽籤

 像這樣輪流抽籤的時候，如果Ａ抽到「中獎」的籤，Ｂ就只能抽到「謝謝惠顧」的籤，再怎麼抽也沒有意義了。不過，如果Ａ抽到的是「謝謝惠顧」的籤，那麼Ｂ就比Ａ更有機會抽到「中獎」的籤了。

 可是，我還是會擔心「如果Ａ抽到中獎的籤怎麼辦」啊……。

 從當事人的角度來看，一旦Ａ先抽到，遊戲就結束了，所以沒有人想當Ｂ那個角色對吧。

其實這種情況也很常在日常生活之中遇到囉。

 的確，說不定我之前都是憑感覺做決定耶……。

 讓我們透過這個抽籤的例子，好好地利用邏輯分析這種感覺吧。

▣ 計算「Ａ中獎的機率」

 利用邏輯分析感覺啊……有種好煩、好悶的感覺……。

 首先讓我們計算Ａ中獎的機率吧。

箱子裡面總共有5張籤，1張是「中獎」，其他4張是「謝謝惠顧」。

那麼在這種情況下，該怎麼計算才算具有「相同的可能性」呢？

 從這次的情況來看，「中獎」與「謝謝惠顧」的比例不一樣，所以……。

沒錯，「中獎」與「謝謝惠顧」的情況不算是「可能性相同」的情況，所以要把4張「謝謝惠顧」看成不同的籤。

換句話說，「所有可能發生的情況是5」，「中獎的情況只有1種」對吧！

愛莉，妳已經抓到祕訣了！這代表A中獎的機率如下。

$$p(A) = \frac{1}{5}$$

到這邊幾乎都跟前面的計算一樣耶。

▣ 該怎麼計算B的情況呢？

接著讓我們思考B中獎的機率吧。此時**計算「情況的種類」有一點要特別注意。**

什麼意思？

 這次是Ｂ中獎之前，Ａ先抽籤的情況，所以Ａ抽到什麼籤，會導致最終的結果不一樣，所以得先根據Ａ抽到什麼，再計算可能發生的情況有幾種。第一步要從Ａ抽籤的５種情況開始計算，之後再計算Ｂ抽剩下的籤會有幾種情況。

 我愈聽愈迷糊了……（汗）。

▣ 利用「樹狀圖」計算可能發生的情況有幾種

 真的有可能愈聽愈迷糊，所以這時候就要利用「樹狀圖」計算。

 樹狀圖？

 請看一下右頁的圖。
這張圖利用線條整理了所有可能發生的情況。

為了方便計算，先替每張籤編號。比方說，中獎的籤是「1」號，其餘「謝謝惠顧」的籤分別是「2、3、4、5」號，所以，所有可能發性的情況可畫成下圖。

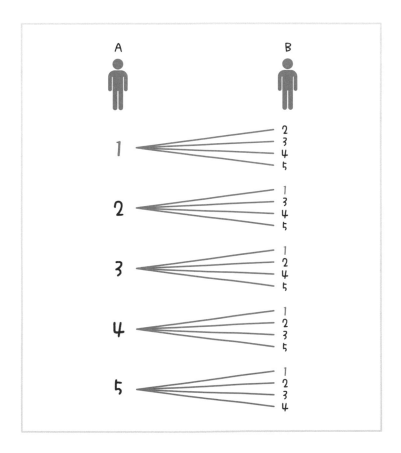

這麼一來就好算多了！

 讓我們先想想看，A中獎，也就是抽到1號籤的情況吧。
由於抽過的籤不能放回箱子，所以B只會抽到「2～5」這4種籤。

 真的耶！

 如果A抽到的是2號籤，那麼B會抽到「1、3、4、5」這4種籤。

▣ 抽籤結果的計算方式

 A抽到3、4、5的情況也是這個結果耶！

 沒錯！
所以B抽籤的情況總共有樹狀圖右側的20種。

事不宜遲，立刻來算機率吧！

 我是很想這樣，但愛莉妳先冷靜一下，想想看有沒有忘記什麼重要的事。

計算可能發生的情況有幾種時，是不是要先確認某件事？

 啊！要先確認各種情況是否具有「相同的可能性」對吧！

 沒錯！

這次出現的20種情況都長得一樣，所以可說是具有「相同的可能性」。

 這樣就能放心計算了！

 氣勢不錯耶！

那麼「B中獎的情況」有幾種呢？

 抽到1號籤算「中獎」的話，應該有4種呢？

真是冰雪聰明！

那麼讓我們把這些數字代入算式吧。

$$p(A) = \frac{4}{20} = \frac{1}{5}$$

 答案是……$\frac{1}{5}$？

這跟 A 中獎的機率不是一樣嗎？

 對啊，機率完全相同喲。

覺得很不可思議嗎？

下一節會進一步講解為什麼 A 與 B 的中獎機率會一樣喲。

LESSON 6

為什麼「依序抽籤」的中獎機率會「相同」呢？

⊡「附帶條件的抽籤」的思維

 所以,這是偶然嗎……?

 接下來的內容會稍微難一點,聽不懂的地方跳過也沒關係,也可以試著從其他觀點思考這個事實。請回想一下剛剛的抽籤,B要抽到「中獎」,必須滿足下列兩個條件。

①A會抽中謝謝惠顧
②在A抽獎了謝謝惠顧的條件下,
 B抽到「中獎」

因為只要A一抽到「中獎」，遊戲就結束了啊。

 讓我們根據樹狀圖分析一下吧。符合①的比例為 $\frac{4}{5}$ 對吧，然後從A的2、3、4、5的籤延伸到中獎的線條的比例則各為 $\frac{1}{4}$ 。

換言之，在上述的情況下，B抽到「中獎」的比例如下。

$$\frac{4}{5} \times \frac{1}{4} = \frac{1}{5}$$

這就是B抽到「中獎」的機率。

 這種算比例的方法，比計算樹狀圖的分枝來得又快又簡單耶。

▣ 抽籤的人數增加，機率也相同的奇蹟

 其實只要是以**這種方式抽籤，不管是先抽還是後抽，機率都會一樣**，而且就算抽籤的人數增加也一樣喲。

 什麼！
意思是B後面還有個C，抽到中獎的機率也都一樣嗎？

 沒錯。
在這種情況下，A抽到謝謝惠顧的比例為 $\frac{4}{5}$ ，B抽到謝謝惠顧的比例為 $\frac{3}{4}$ ，C抽到中獎的比例為 $\frac{1}{3}$ ，所以機率可利用下列的公式算出來。

$$\frac{4}{5} \times \frac{3}{4} \times \frac{1}{3} = \frac{1}{5}$$

 真的是 $\frac{1}{5}$ 耶！真是難以置信啊⋯⋯。

假設再多一個D，抽到中獎的機率還是一樣，所以只要是以這種方式抽籤，不管人數有幾位，所有人抽到中獎的機率都一樣。

 所以先抽後抽，中獎的機率都一樣囉？

 是啊，都一樣。

 真的嗎？
很多大嬸都會在百貨公司發福袋的時候拼命搶頭香，這時候我其實可以「讓她們先抽，反正中獎機率都一樣」，是這個意思嗎？

 當然，因為機率都一樣啊。

 可是看到大嬸先抽到的話，還是會覺得很可惜吧？說不定會哭著告訴自己「早知道就先抽了」。

 機率的確是一樣的，所以被抽走也沒辦法囉。只要在相同的條件下抽籤，大家的機率一定是一樣的。所以實在沒必要急著「搶頭香」。

我對抽籤這回事大大改觀了……。

 其實日常生活之中，有很多類似的情況，只是我們很少注意而已。接下來要教妳怎麼計算更複雜的情況囉！

計算「挑選與排列的問題」有幾種情況的方法

⊡「機率」其實沒那麼簡單！

愛莉妳已經知道在計算機率的時候，必須分別計算下列①與②各有幾種了，對吧？

> ①分母：所有可能發生的情況的種類
> ②分子：事件A發生的情況的種類

只要算一算有幾種就好，真的比想像中簡單呢！

的確，計算抽籤與擲骰子的機率的確很簡單，但其實難以計算種類的情況也很多喲。

什麼！

所以接下來就讓我們越過抽籤或擲骰子這關，挑戰更難的計算吧。

▣「從4個人之中挑出3個人再排列」的思考模式

首先讓我們解解看「從Ａ、Ｂ、Ｃ、Ｄ這4人之中挑出3人，再排成1列」的問題，也就是所謂的「排列」問題吧。

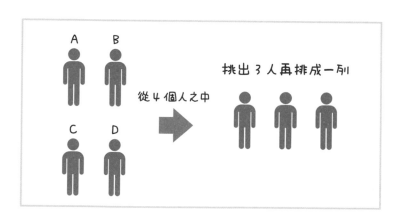

排列？

 就是依照順序排列的意思。

就「A、B、C」與「B、A、C」這兩種情況來看，雖然挑的人都一樣，但順序不同，所以這兩種情況不算是一樣。

 如果「A、B、C」與「B、A、C」不算一樣的話，那情況可就多了。

 對啊，所以這時候當然要利用「樹狀圖」整理一下可能發生的情況。

 意思是畫出所有情況？

 就畫出所有情況吧。

要計算可能發生的情況有幾種時，最基本的工具當然是樹狀圖。「樹狀圖畫得好壞，會影響這堂課的成績」，我在大學考試的時候常聽到有人這麼說（笑）。

 是喔～還真是嚴苛耶（汗）。

▣ 排列問題的樹狀圖繪製方式

 讓我們開始動手畫吧。這次是讓3個人排成1列，所以讓我們試著畫出從左邊開始排的情況。一開始先從A排在最左邊的情況開始畫。

 如果A排第一個的話，意思是接下來只剩B、C、D可以選了。

 沒錯。假設A排第一個，接下來是B的話，就只剩下C或D可以選。

 這樣就有兩種情況了。

 接著若是A排第一個，C排第2個的話，那第3個不是B就是D，一樣是兩種情況。以此類推，以樹狀圖畫出所有情況的話，可以畫出下一頁的樹狀圖。為了早點熟悉樹狀圖的畫法，愛莉也要試著自己畫畫看喔。

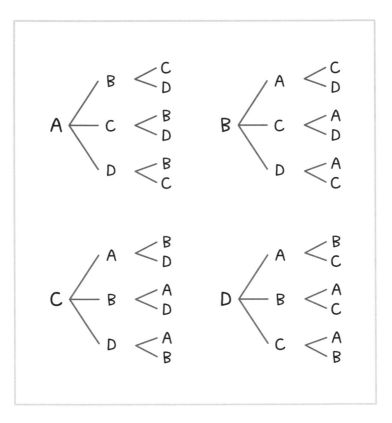

 呼～好不容易畫完了……。

 雖然畫得很辛苦，但像這樣自己動手畫可是很重要的練習喲。話說回來，愛莉知道可能發生的情況有幾種了嗎？

70

呃……24種嗎？

 答對了，有24種！

▣ 快速算出可能發生的情況有幾種的方法

 要計算可能發生的情況還真是不容易啊。

 其實有更聰明的算法。讓我們重新觀察樹狀圖吧。首先是從A、B、C、D這4個人挑出排第1個的人，所以第1個位置可以有4種選擇。

假設選的是A，接下來可從B、C、D這3個人裡面挑選，所以在樹狀圖之中，會延伸出3條線。

假設這時候選擇的是B，最後就是從C或D之中選出1人，所以會有2條線延伸出來。

 每選出1人，選項就少1個耶。

 沒錯，就是這麼一回事！

換言之，第1個位置有4個選擇，第2個位置有3個，第3個位置有2個，然後這些選擇之間都有線條連著。

也就是說，要從4個人之中挑出3個人排列時，可能發生的情況可利用下列的公式算出種類。

$$4 \times 3 \times 2 = 24 \text{ 種}$$

 好厲害！居然能用這麼簡潔的公式算出答案！

 不管一開始有幾人，也不管要挑出幾個人排隊，都可利用這種公式算出可能發生的情況有幾種，所以在數學的世界裡，會用某個符號撰寫這種公式。
下一節就為大家介紹這個符號吧。

8

學會這種算法，「nPr」的
計算就沒那麼可怕！

□ 用更聰明的方式算出「排列」的種類

 又有新的符號？聽起來好像很難……。

 在數學的世界裡，為了避免數字一改變就要重頭開始計算，通常會使用符號喲，所以使用符號反而比較輕鬆。

 我超愛輕鬆的。

 前面說的符號就是下面這個。

> nPr：從不同的 n 個物品之中，
> 　　　挑出 r 個的排列的總數

我果然有看沒有懂（笑）。

 從字面上來看可能很難，但這裡的「P」其實是「排列的 Permutation」，左右兩側的小寫 n 與 r 則是從幾個之中選出幾個的符號。

比方說，剛剛的排列計算是4個人之中，挑出3個人再排成一列對吧。

所以若用這個符號撰寫，就可以得到下面這個結果。

$$_4P_3 = 4 \times 3 \times 2 = 24$$

 原來如此，計算過程好像跟剛剛一樣對吧。

 沒錯。如果是從6個人裡面挑4個人排成1列，就可以利用 $_6P_4$ 這個符號代表所有的情況。若實際計算一下，再畫成樹狀圖，就會發現總共有 $6 \times 5 \times 4 \times 3 = 360$ 種。因此可寫成下列的公式。

$$_6P_4 = 6 \times 5 \times 4 \times 3 = 360$$

換言之，nPr就是讓n的數字遞減，再讓r個數相乘的符號。

 可以理解成從樹狀圖延伸的線一條條遞減，然後相乘的數字也一個個遞減嗎？

 當然可以！那讓我們練習一下 $_{10}P_4$ 的計算吧。

 呃……這個符號的意思是「計算從 10 個不同的東西之中挑出 4 個排列的所有情況」，所以公式會是……

$$_{10}P_4 = 10 \times 9 \times 8 \times 7 = 5040$$

這樣對嗎?

 非常完美!

⊡ 如果要排列到1為止,就使用「階乘」!

 接著讓我們思考「讓 n 個人排成1列會有幾種排列方式」的問題吧。

 這次沒有人被排擠了!

 對,這次所有人都要排隊。

 若以「$_nP_r$」計算的話……。

 比方說,有5個人的話,就會是「$_5P_5$」對吧。

$$_5P_5 = 5 \times 4 \times 3 \times 2 \times 1 = 120 \text{種}$$

也就是讓5到1的數字依序相乘耶。

愛莉，妳注意到重點囉！這種讓某個數字（ n ）遞減至1，同時讓這些數字相乘的計算方式稱為「階乘」。

階乘……。

⊡ 新符號就像是「新寵物」

在數學的世界裡，「階乘」會寫成下面這個樣子。

$$n!$$

哇，又出現新符號了！

不用那麼害怕啦，它又不會咬妳。

口氣可以不要那麼像牽著寵物的媽媽嗎？（笑）

那是因為愛莉的反應很像是看到陌生動物的小孩啊……
（笑）。

看到可愛的寵物會想把牠帶回家裡養對吧？**數學符號也是因為方便好用才介紹給妳**的喲。所以不要害怕，要好好地疼它。

符號跟寵物一樣啊……。

$n!$就是讓n到1這n個數字連乘的計算，與排列的符號$_nP_r$之間有下列的關係。

$$_nP_n = n!$$

算是特別版的$_nP_r$對吧！

沒錯，這個符號真的很方便喲。例如「從100乘到1」會寫成下面的公式

$$100 \times 99 \times 98 \times 97 \times 96 \times \cdots$$
$$\times 6 \times 5 \times 4 \times 3 \times 2 \times 1$$

這個公式會出現100個數字，變得又臭又長。

 哇，看到這麼多數字排在一起，讓人看得頭昏眼花了……。

 所以寫成「n的階乘為$n!$」，就能一口氣縮短公式，上面的公式也只需要寫成100!即可。

 所以「！就是階乘，以下省略」的意思囉。

 怎麼樣？是不是開始喜歡這個符號了（笑）。

 沒，也沒什麼喜歡不喜歡的……。

 在愛莉喜歡這個符號之後，接著讓我們來想想「換座位」這個問題。

LESSON 9

利用階乘快速算出
「換座位」的種類！

▣ 4個人坐4個位置的排列種類

 換座位？聽起來好青春啊……。

 讓我們先繼續教，愛莉的青春之後再聊吧。

 真過分（笑）。

 讓我們先用簡單的題目複習一下。假設**「座位有4個，然後讓4個人坐進去」**，總共會有幾種坐法呢？

 呃……這一點都不簡單吧（汗）。

愛莉，冷靜一下，這跟「排列」的計算是一樣的啊，如果忘記的話，就用樹狀圖想想看。簡單來說，可先替4個座位分別標上「1、2、3、4」的編號，再讓每個人坐進去，整個計算的流程如下。

坐在編號①位置的人有4種選擇
坐在編號②位置的人有3種選擇
坐在編號③位置的人有2種選擇
坐在編號④位置的人有1種選擇

 啊，跟剛剛一樣的算法！

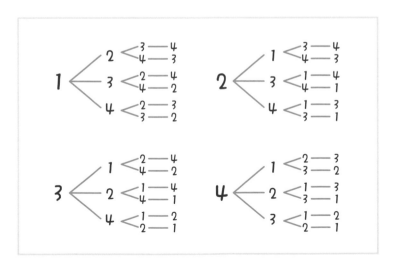

意思就是，所有的排列種類為「4!」。

啊，4!就是「4的階乘」，所以答案會是……

$$4! = 4 \times 3 \times 2 \times 1 = 24$$

24種！

愛莉，就是要這股氣勢！

我也算得出來了！

看到條件有點不一樣的題目時，不要忘了先畫樹狀圖喲。

⊡「換座位的排列方式」有幾種？

剛剛算了4個人換座位的情況，所以也可以算出在學校換座位的種類囉？

沒錯！

請想想看一班有40個人，教室裡的每個座位都有編號，

而且從1號座位開始入座的話，總共會有幾種入座方式。

 1號座位有40個人可以選的話，以此類推⋯⋯這跟剛剛

換座位的題目是一樣的算法啊！

 沒錯。

所以假設一班有40個人，那麼入座方式就有「40!種」。

 這是多大的數字啊？

 總之會是數十位數的天文數字，所以這裡就不計算了。

而且**坐到特定座位的機率都是** $\dfrac{1}{40!}$。

◦ 在學校換座位是「命運的安排」?

 對我們來說,換座位就是一種數學。

因為每一種「入座順序」都是 $\frac{1}{40!}$ 的機率喲。所以我都會想「這個世界是從 $\frac{1}{40!}$ 種的入座順序之中選出這個入座順序的啊」。

 聽起來好像很浪漫……。

 話題好像有點跑掉,接著讓我們思考「組合」這個問題吧。

計算「組合」的方法

　　⊡　從5個人之中挑出3個人的「組合」

在熟悉階乘之後，就可以思考下個問題。
這次要思考的問題是「從5個人之中，挑出3個人的組合」。

原來接下來的問題不用排成1列啊！

這次的重點不在「排列」而在「挑選」。

重點在「挑選」？有什麼不一樣嗎？

排列的問題會因為順序，把「AB」與「BA」當成不同的
情況，但這次卻是將**「AB」與「BA」視為「相同組合」
喲**。

這麼一來，可能發生的情況就會少很多種耶。

 沒錯，讓我們動手算算看，到底會少多少種吧。這次要使用下列的符號計算。

$_nC_r$：從 n 個不同的東西挑出 r 個的組合種類

 又出現新的符號了！

 別怕，它不會咬人！它很方便，好好用就是了！

 對喔，符號是寵物啊……（汗）。

 順帶一提，符號裡的 C 是「組合的 Combination」的首字。這次要計算的是「從 5 個人之中挑出 3 個人的組合種類」，所以就是計算 $_5C_3$ 的答案。

那該怎麼計算呢？

聽我娓娓道來吧。為了思考計算「不排列」，先考慮「排列」的問題吧。

感覺很像是某種繞口令。

我是覺得這種方法最簡單易懂啦。

讓我們先思考「從5個人之中挑出3個人排成1列」會有幾種排列順序吧。如果使用之前介紹的符號計算，就會是 $_5P_3$ 對吧？

▣ 計算 $_5C_3$

不過，這次沒有要讓這些人「排列」對吧？

對啊，所以讓我們試著以下列的步驟拆解「從5個人之中挑出3個人排成1列」的題目吧。

①從5個人之中挑出3個人（$_5C_3$）
②讓獲選的3個人排成1列（3!）

不管獲選的是哪3個人，排列方式都是3!種，所以①與②
相乘之後，應該會是$_5P_3$才對。

 不過，$_5C_3$的部分還不知道對吧？

 沒錯。
不過，應該已經知道下列的公式成立了，對吧？

$$_5C_3 \times 3! = _5P_3$$

 算是知道吧。

 只要稍微調整一下這個公式……

$$_5C_3 \times 3! = {_5}P_3$$

$$_5C_3 = \frac{_5P_3}{3!}$$

就會發現，雖然還不知道位於算式左邊的 $_5C_3$ 該怎麼計算，但算式右邊卻只有已經很熟悉計算方式的 $_5P_3$ 與 $3!$。由於左右兩邊是相等的，所以就能算出 $_5C_3$ 的答案了。

 哇，好像魔法喔！

 說白話一點，就是「$_5C_3$ 可利用 $3!$ 除以 $_5P_3$ 算出來」。

 答案已經近在眼前了！
我要自己算算看！

$$_5C_3 = \frac{_5P_3}{3!} = \frac{5 \times 4 \times 3}{3 \times 2 \times 1} = 10$$

 算好了！

 超級正確！
換言之，「從5個人之中挑出3個人」的組合總共有10種。

⊡「挑選之後排列」以及「排列」的除法

 不管是要從幾個人挑出幾個人都能這樣算出組合，所以讓我們將公式整理成下面的樣子，之後不管代入什麼數字都能算出答案。

$$_nC_r = \frac{_nP_r}{r!}$$

看起來雖然很難，但其實就是「挑選之後排列」以及「排列」的除法啊！

而且計算的時候，分母與分子通常可以約分，所以沒有看起來那麼難。

話說回來，實際的計算的確是沒那麼難耶，這讓我想算算看其他的組合了！

「組合計算」的使用方法

□「組合」令人感到不可思議之處

 「只挑選」似乎比「挑選之後再排列」來得更加複雜
啊……。

 是不是覺得有點不可思議（笑）。
若問為什麼會這樣，是因為相較於「排列」，「組合」有更
多重複的部分，而「排列」不需要考慮這些重複的部分，
所以相對比較簡單。

□ 體育競賽通常是淘汰賽的原因

 日常生活也用得到這種有關組合的計算嗎？

很常用喲，比方說，體育競賽通常都是淘汰賽，對吧？看到選手落敗後的眼淚，是不是會覺得「要是以聯賽的方式進行就好了」？

對啊對啊，要是以聯賽的方式進行，大家就不會在落敗的時候那麼難過了。

會以淘汰賽的方式進行是有理由的喔，因為「聯賽的方式很辛苦啊」。

咦？就只為了這個理由？

妳想想看，如果有10支隊伍參賽，那麼淘汰賽的話總共只需要比9場。

哇，Takumi老師，你怎麼算那麼快！

嘿嘿，我可是使用了祕技啊（笑）。

祕技？

以淘汰賽進行時，除了冠軍隊伍之外，其他的隊伍一定至少會輸一次對吧？而且每一場比賽一定會有一方落敗，所以「比賽場數＝落敗次數」，換句話說，淘汰賽的總比賽場次一定會是「參賽隊伍－1」，之所以要「－1」就是因為冠軍隊伍一場都沒輸過。

 原來如此～這個也好有趣啊！

 話題有點跑偏了，讓我們回到正題吧。

假設參賽隊伍有10隊，並且以聯賽的方式進行，那麼只要算出「從10隊之中挑出2隊的組合種類」就能算出總比賽場次。因為「AvsB」與「BvsA」會算成一種，不需要特別計較順序。

 所以就是以 $_{10}C_2$ 計算囉！

 愛莉，就是要這樣！讓我們算算看吧。

$$_{10}C_2 = \frac{_{10}P_2}{2!} = \frac{10 \times 9}{2 \times 1} = 45$$

沒想到淘汰賽只要9場就能結束，聯賽居然要到45場！

 兩相比較之後，就會知道很難以聯賽的方式進行比賽對吧？接著讓我們介紹其他的實例吧。

⊡ 組合計算的實例

 讓我們想想「從30個人裡面挑出3個人擔任班級委員」的問題。

 呃……由於是組合的計算，所以就是 $_{30}C_3$ 對吧！

$$_{30}C_3 = \frac{_{30}P_3}{3!}$$

$$= \frac{30 \times 29 \times 28}{3 \times 2 \times 1}$$

$$= 4060$$

愛莉，妳完全學會了耶！

 沒想到只是挑選班級委員，也有4060種組合啊……。

 接著想想看在隨機挑選班級委員的時候，「愛莉跟心儀的B」一起擔任班級委員的機率有多少吧？

・ 與「心儀的B同時獲選的情況」有幾種

 這……這是會讓人很想算算看的機率耶……！

 第一步先思考「愛莉與B一起被選為班級委員」的組合有幾種，也就是「先把你們兩個選出來」，接著再從「剩下的28個人裡面挑出1人」的挑選方法。

 所以是 $_{28}C_1$ 囉？

 也就是下面這個算式。

$$_{28}C_1 = \frac{28}{1!} = 28$$

如果想要進一步計算機率，就必須先算出「所有可能發生的情況有幾種」，不過剛剛已經先算了「$_{30}C_3$」的答案，也就是4060種。

換言之，愛莉與B一起擔任班級委員的機率如下。

$$p(A) = \frac{_{28}C_1}{_{30}C_3} = \frac{28}{4060} = \frac{7}{1015}$$

原來如此～！

如果用電子計算機計算7÷1015的話⋯⋯。

什麼！！！ 大概只有0.0069啊！

這豈不是只有0.7%左右嗎？

現實是殘酷的啊。

到目前為止，機率與統計的前半段，也就是「機率」的課程已經結束了。

感覺課程好濃縮啊⋯⋯。

在日常生活之中，真的有很多場合會用到機率耶。

這讓我變得想算算看其他的機率！

第 2 章

什麼是統計？

LESSON 1

利用「統計學」稱霸商場！

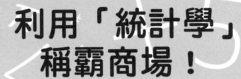

▣ 統計學是一門怎麼樣的學問呢？

 接著要教的是統計。

 剛剛的機率課超有趣的！可是統計好像很難對吧？像我這種一般人也用得到統計嗎？

 直截了當地說，統計對**一般的社會人士也超有用的**！

 老師還真是說得自信滿滿啊！

 若以一句話描述統計學，那就是以「**數據或量化的方式了解某個體系**」的學問。

以數、數據了解體系？

比方說，愛莉看 YouTube 嗎？

偶爾會看啦。

我因為有自己的頻道，所以能看得到「哪個時段有哪些年齡層的人瀏覽，各年齡層又有多少人」的數據，我也常常參考這些數據。

◉ 統計學是現代的必修科目！

原來 YouTube 可以看到這些資料啊。

最近連網路或應用程式的廣告都會利用這類資料決定「這項商品的目標客群」，這對做生意可是很有幫助的。

好厲害……！統計學真的這麼有用啊……。

所以身處這個時代的我們，更應該正確地了解統計學！

 統計學好厲害，我愈來愈期待學會了！

LESSON 2

統計學的基本──
「代表值」是什麼？

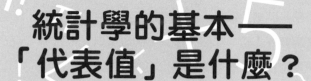

🔲 第一步先記住「代表值」吧！

 雖然統計學聽起來很有趣，但仔細一想，統計學的計算好像很複雜……。

 統計學的確是要面對一堆數字的學問，不過這次只會用到簡單的四則運算（加法、減法、乘法、除法），所以不用太擔心囉。

 呼～。

 那一開始先介紹「代表值」這個統計學的基本用語吧。

 「代表值」？

統計學是門處理龐大資料的學問，以 YouTube 為例，就是處理瀏覽者人數、年齡、瀏覽時間以及其他的數據，但光是瀏覽也很難了解這些數字代表的意義。

我光是看到這些數據就起雞皮疙瘩了啦……。

所以利用某項數值描述這些數據的特徵會比較方便，而這個數值就稱為**「代表值」**。

利用數值描述特徵……？

沒有實例很難理解對吧？若問我們最熟悉的代表值是什麼的話，那就是**「平均值」**囉。

平均值嗎？我也懂平均值是什麼嚅！

那麼就讓我們從平均值開始介紹吧！

LESSON 3

初階的代表值——「平均值」

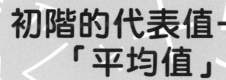

該如何判斷考試分數呢？

 我們超喜歡平均值的。每次考完試，都會忍不住在意平均分數。

 我懂！會有種「我一定要高於平均分數」的莫名壓力。

 一開始讓我們先從「**9個人考了滿分為10分的考試**」這種比較簡單的例子介紹。這9個人的考試成績如下。

2分、3分、3分、6分、7分、7分、7分、9分、10分

 感覺分數的落點有點分散啊。

105

若只有這些人，乍看之下會覺得「這班好像不怎麼優秀」
對吧。

的確是這樣（笑）。

不過，請試著想想看，如果接受考試的人一下子增加至
30人或100人，考試成績的資料一多，就很難瞬間判斷
這個班級優不優秀了。

如果增加至100人以上，就得算算看有幾個人拿高分，否
則根本無從判斷。

▣ 說明資料特徵的「代表值」

這時候需要的就是計算「平均值」了。愛莉，妳知道什麼
是「平均值」嗎？

就算是我，多少也知道什麼是「平均值」啦（笑）。就是
以人數除以所有人的分數總和」對吧？

106

$$\frac{2+3+3+6+7+7+7+9+10}{9} = 6$$

愛莉，妳算得真好，超棒的！

順帶一提，平均值會以「x̄」這種在「x」上面多一條橫線的符號代表「平均值」。若說得白話一點，就是下面這個公式。

$$\bar{x} = \frac{總和}{資料筆數}$$

如何？知道平均分數是「6分」之後，對「這份資料的印象」也明顯改觀了對吧？

真的耶，感覺變得比較好。

由此可知，**代表值就是幫助我們掌握資料特徵的值。**

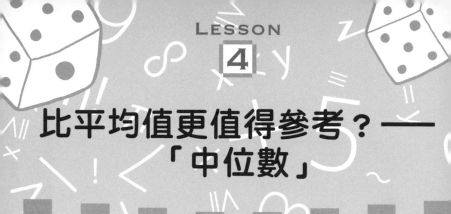

LESSON 4

比平均值更值得參考？——「中位數」

代表值終究只是一種看法

 平均值的確也是統計學的一種啊。

 大部分的人都知道平均值對吧？比方說，A班的平均分數是6分，B班是7分的話，然後就說「B班的成績比較好」，A班的老師說不定會生氣，而這就是利用平均值判讀「全班分數這種資料的輪廓」。

 只要算出平均值，就可以知道哪一班比較優秀耶！

 不過，**平均值充其量只是一種看法。**

嗯？意思是還有其他足以代表資料特徵的代表值嗎？

◦ 利用「中位數」掌握整體資料的中段情況

 雖然不像平均值那麼廣為人知，但還有**「中位數」**這種代表值喲。

 我好像聽過，又好像沒聽過……。

 讓我們再看一次前面9個人的分數吧。

2分、3分、3分、6分、7分、7分、7分、9分、10分

就是這些資料對吧。

在這些由小至大排序的分數之中，位於正中央的分數是幾分呢？

 位於9個人的「正中央的那個人」，就是第5個人的分數呢？

沒錯。

讓這9個人的資料由小至大排序之後，第5個人是7分，所以「中位數」就是7分。順帶一提，統計學很常在x上面加上「~波浪號」，寫成「$\tilde{x} = 7$」。

$\tilde{x}$ ……中位數

由小至大排序後，位於正中央的值

2 , 3 , 3 , 6 , ⑦ , 7 , 7 , 9 , 10

以上面的例子而言，中位數是7！

 這次是9個人，所以正中央剛好是第5個人，如果人數是偶數的話該怎麼辦？

 通常會取正中央2個人的平均值，假設是7分與8分的話，中位數就會是7.5分。

原來如此！

先是「平均值」，緊接著是「中位數」……那還有沒有其他的代表值呢？

 當然有啊。

判讀資料的切入點有很多種，下面讓我們來看看「眾數」吧。

代表最常出現的值——
「眾數」

⊡ 在資料之中，最常出現的值

 接著要介紹的是**「眾數」**。

 為數眾多的值嗎？

 沒錯，就是字面上的意思。

剛剛的班級分數是

2分、3分、3分、6分、7分、7分、7分、9分、10分

對吧？

那麼眾數會是什麼呢？

 正常來說，出現最多次的值是「7分」對吧？

愛莉，好敏銳！就是這樣。

 Takumi老師，不用硬是稱讚我啦（笑）。我只是把分數挑出來而已。

 眾數就是在資料之中，最常出現的數值，很簡單對吧？

 咦？就這樣？

 對啊，就這樣。

不過接下來要透過一些實例，介紹這些代表值的差異以及重要性囉。

LESSON

6

「代表值」會改變我們對資料的看法！

⊡ 「平均年收」很不「一般」？

 讓我們用「上班族平均年收」這個耳熟能詳的例子講解代表值吧。

 我們很常把年均年收跟自己的比較，所以感覺很熟悉耶！

 我們常在新聞聽到平均年收 420 萬日圓這個數字對吧？

 的確，很常聽到這個數字。

 愛莉覺得這個數字是高還是低呢？
如果覺得「平均年收＝一般人的年收」，不會有種「原來大家都賺這麼多啊」的感覺嗎？

會啊！

我每次逛人力網站的時候，都會覺得年收那高的工作哪有那麼多……。

▪ 利用其他的代表值重新檢視「年收」

那麼讓我們利用**平均值之外的代表值**解讀日本的年收入資料吧。

就是用剛剛學過的中位數與眾數對吧？

若將年收入的實際分布畫成圖表，可以畫成下一頁的圖。

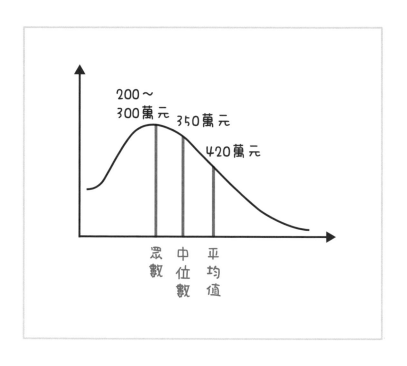

就我調查的資料來看，日本上班族年收入的**中位數大概在「350萬元」左右**。

順帶補充一下，年收入的中位數是「以由小至大的順序替年收入的資料重新排序，剛好位於正中央的金額」。

 420萬元與350萬元啊……有70萬元的差距耶。

落差很明顯對吧？

若再看年收入的眾數，就會得到「200～300萬元」這個
結果。雖然每個年度的資料不太一樣，不過與平均年收入
有相當的出入。

真是太讓人驚訝了……。

⊡「平均」不等於「一般」

如此看來，「平均年收的上班族」不一定占多數對吧？

真的耶，從圖表來看也會發現，符合「平均年收入」的人
數沒那麼多。

這跟愛莉的第一印象一樣，沒那麼多人賺到420萬的年收
入。

中位數的350萬元是指「比高於這個收入與低於這個收入
的人剛好一樣多」，而眾數的200～300萬元這代表「最
多人是這個年收入」。

這麼看來，中位數與眾數比平均值更接近「一般」。

其實就這次的情況來看，很有可能是有一小撮高年收入的人拉高了平均值。平均值很容易受到「為數不多，但數字很大的數值」影響。

所以在這種資料分的情況下，**平均值不一定等於「一般」**。

⊡「一般」會隨著資料的分布情況而改變

感覺平均值的參考價值不高啊。

反之，如果資料在平均值附近平均分布的話，平均值就會接近所謂的「一般」。順帶一提，日本男性的平均身高為170公分左右，而我的身高是165公分，但日本人的身高資料幾乎都落在平均值附近，所以「平均身高＝一般的身高」喲。

喔～原來是這樣啊。

 我其實是希望「平均身高與一般的身高」不一樣才調查平均身高的……（淚）。

 這真令人難過（笑）。那中位數又是多少呢？

 中位數與平均值幾乎相同。

 真是抱歉，在傷口灑鹽就到此為止吧……。

 由此可知，資料的分布情況會導致我們是否能利用平均值、中位數與眾數說明資料的特徵。

某個人力銀行都會揭露企業的「平均年收入」，但大家最好先記住，不一定真的能領到那麼多薪水，因為其中可能有些人的薪水特別高。

原來是這樣啊。的確，我的直覺不一定準確啊……。

愛莉說不定跳槽比較好喲（笑）。

LESSON
7

利用「標準差」了解
「資料的分布情況」

⊡ 對平均值的看法會隨著「資料分布情況」而改變

了解代表值之後,對新聞的看法會改變耶!

是不是變得很有趣了呢!

那讓我們乘勝追擊,進入下一個主題吧。

請想像一下身高這種資料都落在平均值附近的情況。

再試著畫出兩個這類資料的圖吧。

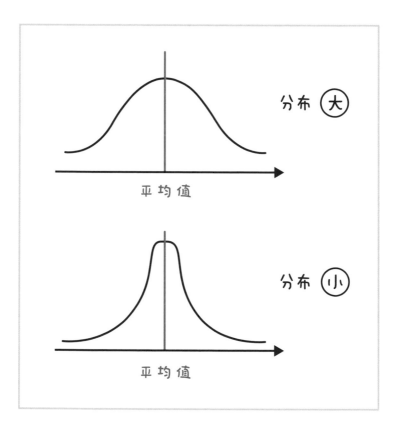

分布 大

平均值

分布 小

平均值

 這兩張圖表裡的資料的平均值相同，但分布情況卻有明顯差異。可以發現分布的形狀很不一樣對吧。不過，在平均值相同之下，就無法從平均值判讀這兩種資料的差異。換言之，無法正確解讀資料的特徵。

沒有辦法以數值呈現資料的分布情況嗎？

 愛莉，妳說到重點了！統計學的確有說明分布情況的指標。接下來就介紹這個指標。

▣ 量化「資料的分布情況」

 資料的分布情況也算得出來啊？好像很困難耶⋯⋯。

 讓我們再以剛剛的班級考試分數為例吧。

2分、3分、3分、6分、7分、7分、7分、9分、10分

是這些分數對吧。

 沒錯，已經看過好幾次了！

接著想了解這些資料的分布情況。

首先把「分布情況」視為「與平均值的差距」吧。

 與平均值的差距?

 讓我依序說明吧。這班的平均分數是「6分」。

換言之,第1個人的「2分」與平均值的「6分」有「2-6＝-4」的差距。

 意思是與平均值有多少差距對吧?

 沒錯,第2個人的分數是「3-6」,所以有「-3」的差距,而「6分」的人與平均值相同,所以差距是「0」。

 那分數高於平均值又如何呢?

 7分的人就是「7-6＝1」,也就是「+1」的差距。

 原來是以平均值為基準,再以+與-說明差距啊!

這麼一來，就能算出「每個人的分數與平均值的差距」囉。

	分數	與平均值的差距
第1個人	2	−4
第2個人	3	−3
第3個人	3	−3
第4個人	6	0
第5個人	7	+1
第6個人	7	+1
第7個人	7	+1
第8個人	9	+3
第9個人	10	+4

⊡ 能利用「差距」的總和判斷嗎？

 喔！那只要加總這些差距，不就能說明資料的分布情況了嗎？

 很可惜，這想法有點美中不足！姑且先加總看看吧。

 呃⋯⋯所有的差距分別是－4、－3、－3、0、＋1、＋1、＋1、＋3、＋4⋯⋯

咦，居然變成0！

 其實會得出這個結果並非偶然。

之所以會如此，全是因為正的差距與負的差距兩相抵銷的結果。

明明兩邊都是與平均值的差距，但相加之後，只會得到兩兩抵銷的結果。

所以要稍微改造一下算法。

◩ 加總「差距的平方」

 改造一下？怎麼改造啊？

 問題在於正與負的差距不能直接相加。愛莉，妳有沒有想到什麼辦法讓負數變成正數呢？

 呃……什麼辦法啊……？

 就是「乘以平方」啊，只要乘以平方，正的差距還是正數，但負的差距，就會變成正數，例如 $(-4)^2$ 的平方會是 $+16$，兩邊的差距都會變成正數了。

如果將剛剛的差距都乘以平方，再依序排列的話，會得到下列的結果。

$$+16, +9, +9, 0, +1, +1, +1, +9, +16$$

加總這些乘以平方之後的差距，就不會像剛剛那樣得到
「0」的結果。

的確是這樣耶！

▣ 利用「資料筆數」除之

離量化分布狀況只差一步！

還有要思考的部分嗎？

加總所有乘以平方的差距之後，感覺好像真的看得到「資
料的分布情況」，可是當資料筆數增加，要加總的差距也
會跟著增加對吧？

的確，感覺就是不斷增加大於等於0的數字而已。

可是這真的就足以說明「資料的分布情況」了嗎？「資料
雖然非常龐大，但有一半以上都集中在平均值附近」的情
況也沒辦法忽略對吧。為了連這個問題都考慮進來，所以
要在最後以資料筆數除以乘以平方之後的差距的總和，這

麼一來，即使資料筆數增加，分母也會跟著變大，就能避免差距的總和不斷擴大。

以這次的例子來看，下列的公式足以說明資料的分布情況。

$$\frac{16 + 9 + 9 + 0 + 1 + 1 + 1 + 9 + 16}{9}$$

喔！總算抵達終點了！

啊，該不會這個公式也有什麼新的符號呢？

沒錯！

一般來說，會使用希臘字母的 σ（sigma）寫成下列的公式。

$$\sigma^2 = \frac{\text{所有與平均值的差距乘以平方之後的總和}}{\text{資料筆數}}$$

這就稱為「變異數」，很適合用來說明分布情況。

 呃⋯⋯σ 的右上角有個2，意思是乘以平方對吧？為什麼需要乘以平方呢？

 妳注意到重點囉。

後面會說明真正的理由，但這裡只需要記住代表資料分布情況的「變異數」可寫成 σ^2 就可以了。

接著讓我們就這次的範例計算變異數吧。

$$\sigma^2 = \frac{\text{所有與平均值的差距乘以平方之後的總和}}{\text{資料筆數}}$$

$$= \frac{16+9+9+0+1+1+1+9+16}{9}$$

$$= \frac{62}{9}$$

$$= 6.8888...$$

$$\fallingdotseq 6.9$$

算出的結果就是這樣。

順帶一提，「≒」是「約等於（nearly equal）」的意思，例如圓周率的「3.14」其實是「3.14159265」，所以可寫成「π≒3.14」。

資料的分布情況是6.9啊～！

可是，我覺得6.9分離平均值也不遠啊……。

對啊，其實這個變異數與實際的分數沒什麼關係。接著就繼續說明箇中理由吧。

⊡ 更直覺的分布指標

變異數的公式是

$$\sigma^2 = \frac{\text{所有與平均值的差距乘以平方之後的總和}}{\text{資料筆數}}$$

也就是「所有與平均值的差距乘以平方之後的總和」除以「資料筆數」對吧？換言之，這也是「所有與平均值的差距乘以平方之後的平均值」。

完全聽不懂！

不用回答得這麼理直氣壯啦（笑）。之前我們計算平均分數的時候，不是先加總所有人的分數再以資料筆數除之嗎？這個平均值也是一樣，只是先讓所有與平均值的差距乘以平方，再以資料筆數除出平均值而已。

 原來如此，不過這不就變成「平方的平均」了？

 就是這樣沒錯。
所以變異數會比實際分數的分布情況還大，因為是先平方再計算平均值。

 所以意思是，平方之前的數值比較接近真實的分布情況囉……？

 愛莉，「平方之前的數值」在數學稱為什麼呢？

 是什麼呢……？

是平方根 $\sqrt{}$（根號）啊。

 啊，根號！聽起來好懷念……。

 比方說，$\sqrt{4} = = 2$、$\sqrt{9} = = 3$，在根號裡面的數字會還原為平方之前的數字。

 不過，「平方之後是6.9的數字」很難靠心算算出來耶。

 的確，不過讓我們試著用計算機算看看吧。這次要計算的是變異數 σ^2 乘以平方之前的數字，所以要先拿掉右上角的2，再以 σ 代表這個值。結果就會是下面這樣。

$$\sigma = \sqrt{6.9} \fallingdotseq 2.6$$

這個 σ 就稱為「標準差」。

 所以我可以說標準差的平方就是變異數嗎？

沒錯！
有沒有覺得標準差更接近實際分布情況呢？

有耶，聽到2.6左右的分布情況，比較不會覺得奇怪。

順帶一提，之所以會利用 σ^2 這種加上平方的符號代表變異數，是因為這個值的平方根稱為標準差，而標準差又是以 σ 代表。兩者只有是否乘以平方的差異，所以就不特別利用另一個符號代表變異數了。

LESSON 8

什麼叫做「標準分數」?

⊡ 標準分數可用來衡量得分的高低

 Takumi 老師,標準差跟模擬考都會提到的「標準分數」有什麼不一樣啊?

 這兩種代表值是兩種數值,但是關係很密切喲。難得有機會,就順便說明一下吧。先問一下,愛莉對標準分數有什麼印象?

 就是「成績」啊!念書的時候,正在準備考試的朋友很常提到標準分數。

 嗯,的確,標準分數很常被補習班拿來當文案,但簡單來說,標準分數就是衡量「得分高低」的數值喲。

不能只跟平均分數比較嗎？

 舉例來說，在「有很多人考50分左右，平均分數為50分的考試」中拿到90分的人，跟在「分數分布很平均，平均分數也是50分的考試」中拿到90分的人，誰比較「厲害」呢？

 嗯……應該是在「有很多人考50分左右，平均分數為50分的考試」中拿到90分的人比較厲害吧？因為拿到高分的人很少啊。

 嗯，就是這樣啊，有些人拿自己的分數與平均分數比較之後，分數比較高會開心，分數比較低會難過，但其實這樣根本無從得知自己真正的實力喲。

 原來如此！我現在才知道（笑）。

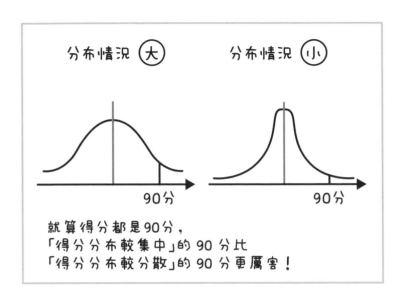

分布情況 (大)　　　分布情況 (小)

90分　　　　　　　90分

就算得分都是90分，
「得分分布較集中」的 90 分比
「得分分布較分散」的 90 分更厲害！

利用「標準差」計算「標準分數」

接著讓我們將剛剛說的「厲害」轉換成實際的數字吧。雖然標準分數不能完全代表學力，但算出與平均分數的差距還是很重要，所以先讓我們利用公式計算吧。

假設「x」是得分，「$\bar{x}$」是之前提到的平均值

$$x - \overline{x}$$

這就是「與平均分數的差距」。

我愈來愈不害怕這些符號了耶！

接著讓我們像下面這樣改造「與平均分數的差距」。

$$\frac{x - \overline{x}}{\sigma}$$

哇！居然是用標準差的 σ 當分母！為什麼要用標準差除
呢？

愛莉，妳還記不記得標準差的意思呢？

呃，我記得是數值的「分布情況」！

沒錯，我們不能只看「與平均分數的差距」，還要以「分布情況」除之喲。

換言之，就是讓「分布情況」當分母，這麼一來，當分布情況較集中的時候，分子的「與平均分數的差距」就只會有一點點改變，這個數值也會變大，也就能利用數字說明「在得分分布情況較集中的考試拿到高分比較厲害」這種現象。

的確，比起1／100變成2／100，1／10變成2／10的變化比較大啊。

讓我們利用剛剛的班級得分計算看看吧。

我記得這個班級的得分標準差是2.6。

①拿「10分」的人

$$\frac{10-6}{2.6} = \frac{4}{2.6} \fallingdotseq 1.53$$

②拿「4分」的人

$$\frac{4-6}{2.6} = \frac{-2}{2.6} \fallingdotseq -0.76$$

◱ 正常來說「標準分數」會「先乘以10倍再加50」

 1.53跟－0.76啊,算出不太像標準分數的數字了耶。

 對啊。

其實這些數字「乘以10倍再加50」才是「標準分數」喲。

假設標準分數的符號是「z」,那麼標準分數的公式如下。

$$z = \frac{x - \bar{x}}{\sigma} \times 10 + 50$$

 咦，這是為什麼？

 其實沒別的用意，只是讓數字更好看而已。因為原本的數字太小，所以先乘以10倍再加上50，讓拿到平均分數的人（$x = \bar{x}$）的標準分數變成50而已。

接著讓我們以前面的例子計算標準分數吧。

①得分「10分」的人的標準分數
$$z = \frac{10 - 6}{2.6} \times 10 + 50 \fallingdotseq 1.53 \times 10 + 50$$
$$= 65.3$$

②得分「4分」的人的標準分數
$$z = \frac{4 - 6}{2.6} \times 10 + 50 \fallingdotseq -0.76 \times 10 + 50$$
$$= 42.4$$

「拿10分的人的標準分數是65.3」,「拿4分的人的標準分數是42.4」……現在這個數字就很像標準分數了！

□ 為什麼標準分數要「乘上10倍再加上50」呢？

不過我還是覺得「乘上10倍再加上50」很奇怪……。

在進行「乘上10倍再加上50」的作業之前的數字是

$$\frac{x - \bar{x}}{\sigma}$$

分母為「整體得分的分布情況」,分子為「每個得分的分布情況」,所以通常數值會很接近,常常會是「1.53」或「−0.76」這種接近1又含有小數點的數字。

平常很少會用到這個數字耶……。

143

我們人類比較習慣使用0～100的數字，而50就落在正中間，所以將「1.53」或「－0.76」乘上10倍就能讓差距更明顯，然後再加上「＋50」，替數字灌水一下。

 標準分數會大於等於100或小於等於0嗎？

 可以啊，就定義而言是有可能的。
如果在標準差非常小的考試出現比平均分數高很多或低很多的分數，就有可能出現妳說的那種標準分數喲。當然，這種情況幾乎不會發生啦。

 如果拿到負的標準分數，我應該會先睡個三天逃避現實吧……（笑）。

LESSON 9

什麼是「相關性」?

⊡「正相關」與「負相關」

 最後一堂課,我想介紹「相關性」這個代表值。愛莉應該聽過這個詞吧?

 有!我有聽過!不過要我講解的話,就沒辦法了……。

「相關性」主要分成「正相關」與「負相關」兩種。

 這我也好像聽過耶!

 比較容易了解的是正相關。比方說,數學的考試得分與國語的考試得分的相關性。

⬚ 何謂「正相關」

 讓我們將國語的考試得分放在橫軸,接著將數學的考試得分放在直軸,然後將每位學生的國語與數學的得分畫在這張圖表裡。

 意思是,如果數學50分、國語50分,就在這張圖表的正中央畫個點囉。

 對啊,畫好之後,通常會得到下面這種圖。

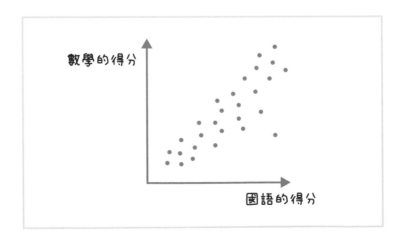

感覺點的分布愈來愈往右上角走耶。

 這代表有「國語考得好的人，數學也考得好」的傾向。

 應該也有國語考得超好，但數學很糟的人吧。

 當然啊，把範圍縮小到個人的話，就會看到這樣的人。不過現在是以整體的情況而論。

 原來如此，不過每間學校都有這種情況吧。

 像這樣將國語與數學的得分畫成圖表，就能畫出整體得分慢慢往右上角分布的結果，而這種「**一邊變大，另一邊也變大的傾向就稱為正相關**」。

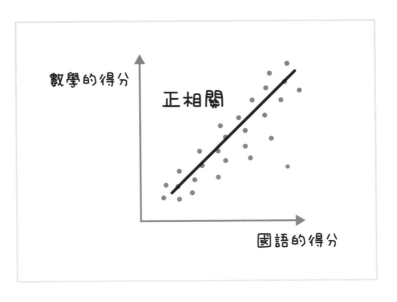

 這種關係好像到處都有耶。

 當然啊，比方說「身高與體重」就是一種，因為身高愈高，體重就會跟著愈重，所以畫成圖表之後，應該也是點會一直往右上角分布的情況。

 這跟胖不胖沒有關係，身高愈高的，體重就愈重呢。

▪ 什麼是「負相關」？

 接著要來思考一下與正相關版本相反的「負相關」。

 相反的意思是？

 正相關是點往右上角分布的圖表對吧？那「負相關」就是反過來往右下角分布的相關性。

 一邊往上，一邊往下啊……嗯，有什麼例子嗎？

 要舉例有點難，不過我念小學的時候，有研究過負相關就是了。

 在念小學的時候研究負相關？小學時代的 Takumi 老師還真是厲害啊……（笑）。

 若問我做了什麼研究，就是「記得圓周率的小數點位數多寡，與朋友多寡之間的關係」。

149

圓周率跟朋友？

 我們都在小學學過圓周率對吧？有些小孩對圓周率很有興趣，可以記住「3.1415926535……」這麼長的圓周率，有些小孩卻不太有興趣對吧？

 真的！我就是不太有興趣的小孩！

 所以我才想知道「努力記住圓周率的小孩」與「對圓周率沒興趣的小孩」有什麼不同。

 所以答案是朋友的多寡？

 這純粹是當時的主觀啦，我覺得記住圓周率的小孩與對圓周率沒興趣的小孩，在人格特質上不太一樣。

 人格特質不一樣？

 也就是現代說的「活潑與陰沉」的意思。所以當時我先問同學有多少朋友，以及記得幾位數的圓周率，接著再把問到的結果畫成圖表，就得到下面這種負相關的結果！

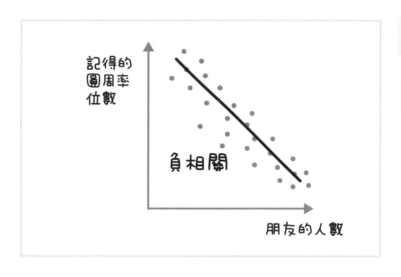

直軸是「記得的圓周率位數」，橫軸是「朋友的人數」。

 朋友的人數是怎麼調查出來的啊？

 直接問啊。直接問大家：「你的朋友有幾個？」

這麼直接……如果是我的同學這麼問，我一定會很傻眼……。

接著我又問：「你可以背背圓周率嗎？」大部分的人都只背到「3.14」之後的幾個位數，所以我得到「記得的圓周率位數愈多，朋友愈少」的結果，完全就是往右下角分布的「負相關」啊！

好、好蠢的結果……（苦笑）。

如果朋友的定義不同，結果也有可能會不同，所以我還先問了對方「很常跟對方聊天」這個問題……。

沒被老師罵嗎？

老師很生氣啊，所以這個研究也被禁止了，這真的是很難過的回憶。

沒被禁止才奇怪吧（笑）。

順帶一提，我問班上最活潑、朋友最多的同學圓周率之後，他居然直截了當地回答：「4！」他還真的是負相關的化身啊！

這完全是嫉妒吧（笑）。

雖然負相關比正相關罕見，但簡單來說，**就是一邊愈大，另一邊就愈小；一邊愈小，另一邊就愈大的關係**。順帶一提，圓周率我可以背到第500位數喲。

LESSON 10

使用「相關性」的注意事項！

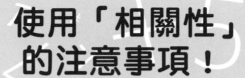

□ 不可以過度解釋！

 老實說，我覺得Takumi老師的自由研究讓人想敬而遠之，但又覺得從相關性看到某些法則，想要用用看。

 找到相關性的確是件很開心的事啊。
不過，相關性也有容易造成誤解的風險。

 容易造成誤解？

 對啊，就是「過度解釋相關性」的問題。

· 有相關性不代表有因果關係

 這是什麼意思呢?

 剛剛介紹「正相關」的時候,提到了「國語得分較高的人,有數學得分較高的傾向」對吧? 其實這就是容易造成誤解的例子喲。不過,從剛剛的資料也無法得出「要在數學考試拿高分,就得好好學國語。因為數學考很低分,所以請好好念國語」的結論。換言之,不能只憑這份資料得出「數學的分數與國語的分數有直接的關係」。

 喔～原來是這樣啊?

 重點在於**有相關性不一定代表有因果關係**。

 因果……?

 所謂的因果就是「原因與結果的關係」。若要換句話說,就是「A會引起B」的關係。

155

這裡說的「不一定」是重點對吧？

愛莉，你找到重點了。
這裡說的「不一定」的確是重點。當然，有因果關係的確就會有所謂的相關性。

感覺很像是「念書時間與在校成績」的關係耶。愈是努力讀書，在校成績就愈有可能因此而變好。

的啊，不過也有「不符合這種情況」的例子喲。
下一堂課就讓我們一起想想這類「相關性的陷阱」吧。

LESSON 11

什麼是「相關性」的陷阱？

 冰淇淋與溺死者人數有因果關係嗎？

 不一定會有因果關係的相關性……感覺好難理解耶。

以剛剛的數學跟國語的考試為例，之所以資料會往右上角分布，不是因為國語好，所以數學跟著好，有可能只是因為「喜歡讀書的人很用功，不管是數學還是國語都很努力念」。

讓我再舉一些比較淺顯易懂的例子吧。最有名的例子之一就是「某個地區的冰淇淋銷量」與「該地區的溺死者人數」的故事。

冰淇淋跟溺死？

 風馬牛不相干的組合對吧（汗）。
經過實際調查之後會發現，冰淇淋的銷量與該地區溺死者人數呈正相關的關係。

 這種組合居然有相關性啊……。

 這樣聽懂了嗎？就算有正相關的關係，你會覺得「原來如此，只要賣出冰淇淋，溺死的人就會增加，所以冰淇淋還是不要賣好了」？

 嗯……這倒是不至於吧……。

 這就是所謂的常識對吧。
因為冰淇淋當然不是造成溺死的原因啊。

▣ 冰淇淋與溺死有因果關係嗎？

 那麼為什麼會出現這種相關性呢？

我們可以像下面這樣解釋。

①天氣很熱的時候，冰淇淋會賣得比較好。
②天氣很熱的時候，去玩水的人會增加，溺死的人也會跟
　著增加。

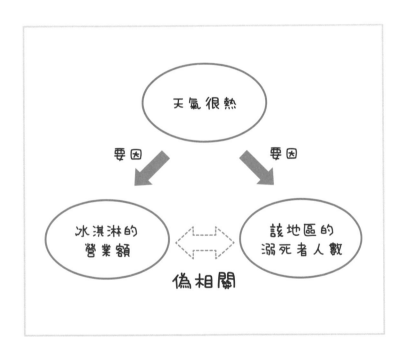

換言之，前述的相關性是因為「兩個要因之間有共同的要
因」，而這次共同的要因就是「天氣很熱」。

原來如此！聽完老師解釋後，我才總算覺得冰淇淋與溺死者人數呈正相關這件事沒那麼奇怪了。

有時候**共同的要因導致沒有因果關係的相關性**啦。這種情況就稱為「**偽相關**」。

明明是很簡單的題目，卻好像很容易產生誤解……。感覺用錯相關性會發生大事啊。

沒錯。

乍看之下，相關性很有說服力，但如果不注意偽相關這類問題，就有可能引起天大的誤會，所以使用時不得不小心啊。

LESSON

12

識破「偽相關」的方法

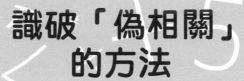

偽相關也是一種相關性

 感覺隨便使用相關性會發生問題啊。

 對啊,想根據相關性做出某些結論時,一定要想想「有沒有潛藏偽相關的風險」。

順帶一提,「偽相關」這個詞很容易給人「假的相關性」這種印象,但我覺得這個命名不太好。

 因為還是有相關性對吧。

 沒錯,是真的有相關性,但「沒有直接影響到結果」,就只是**沒有「因果關係」**而已。

這點可要特別注意啊……！

 尤其該注意的相關是有關身體健康的事，很多人都因此上當受騙，真的要特別小心啊。

▣ 手機是造成憂鬱症的原因？

 「容易害人上當受騙的相關性」是什麼啊？

 就讓我舉例說明吧。

我覺得愛莉聽到之後，肯定會誤會。

某個國家的手機普及率與憂鬱症的罹患率有正相關的關係。

 啊？

手機跟憂鬱症正相關？什麼意思啊？

意思是「手機愈是普及的國家，罹患憂鬱症的風險愈高」。

 真難以置信啊……。

 所以「預防憂鬱症的方法就是禁止使用手機」囉？

 嗯，為了健康嘛，也只好這樣了……。

 愛莉，妳果然立刻就上當了喲！

 真假！

 很多人看到這類健康普查資料之後，就會「誤以為」自己「有可能罹患憂鬱症，原來手機很危險啊」，其實這樣反而才危險喲。

不管遇到什麼資料，都要思考偽相關的問題

 喔～

讓我們想想看這個結論有沒有偽相關的風險吧。

如果只有這種資料，就可以說「有手機就容易罹患憂鬱症」，得出手機與憂鬱症有**直接的因果關係**的結論嗎？

 只有這些資料是不足夠的吧。

 沒錯。

要根據相關性提出任何主張或是佐證任何結果的時候，一定要先想想看有沒有共通的要因。

▣ 識破偽相關的方法

 那麼讓我們思考一下手機與憂鬱症之間，有沒有什麼可能的「共通要因」。

 嗯……一時之間很難想出來耶。

 的確是沒那麼容易。

比方說，「該國是不是先進國家」有可能是共通要因之一。

先進國家嗎……。

一般來說,愈先進的國家,手機愈是普及,而且也有更多容易造成心理壓力的工作。

原來如此……。
如果真的是這樣的話,那麼就算不是手機造成憂鬱症,兩者之間也會有正相關的關係了。

LESSON

13

別被「使用相關性
使詐的騙子」騙了！

◦ 要注意偏激的主張

 相關性雖然很有趣，但也有很可怕的部分啊。

 對啊，其實剛剛這種「手機跟憂鬱症」的偽相關例子有很多，有很多報導或是新聞也都使用這種錯誤的結論。印象中，在社群網站莫名其妙流傳的尤其多。

 這跟我們生活很有關係耶。

 其實要**證明因果關係是很困難的**。

▣ 就連要證明「抽菸與肺癌」的因果關係都很難

為什麼會很難呢？

讓我們一起想想「抽菸與肺癌」這個的例子吧。其實就連要證明抽菸與肺癌的因果關係都很困難。

Takumi老師，抽菸跟肺癌絕對有因果關係不是嗎？

還是得想想看各種共通要因啊。比方說，抽菸的人也有可能喝酒，喝酒也有可能造成肺癌啊。

哇，真的得思考所有的可能性啊……。

很多人都以為「喝啤酒會變胖」，但其實啤酒的熱量並不高喲，之所以會變胖，是因為喝酒的時候通常會吃下酒菜。由於兩個現象之間，會存在著多個共通要因，所以不能只憑一個相關性就主張兩者之間存在因果關係。

▣ 要注意「偽相關造成的誤會」！

 如果連證明肺癌與抽菸的因果關係都很難的話，那麼只要有關健康的話題，都很難證明因果關係了吧。

 醫學方面的主張都需要經過多方調查，所以看到報導或新聞的時候，只需要有個印象就好。

雖然「肺癌與抽菸」這個主題已經有很多人研究，不過「偽相關造成的誤會」已經滲透我們的日常生活，所以千萬不要上當囉。

 日常生活也有偽相關嗎？

 比方說，我們不是很常聽到「學鋼琴的小孩，成績會變好」？

鋼琴跟成績啊……這的確很容易「畫上等號」耶。就我的印象來看，有學鋼琴的小孩的確成績都不錯。

其實調查東京大學的學生或所謂成績比較好的人，會發現很多都學過鋼琴。換言之，鋼琴跟成績似乎有正相關的關係。

什麼？果然是這樣！

不過可不能就這樣斷言「彈鋼琴能促進腦部發育」喲。因為有可能會有下列這些共通要因。

・屬於相對富裕的家庭
・住在才藝教室比較多的地區

的確，有錢的話，能買到比較好的教材，而且有鋼琴才藝班的地區也有比較多的補習班。

沒錯，這代表就連這麼日常的事，也很常出現沒有因果關係的相關性。

我原本以為相關性就像是社會問題一樣，是跟我沒什麼關係的科目。

沒想到相關性會跟日常生活息息相關，要是不懂的話，就有可能被「偽相關造成的誤會」所騙啊。

要主張因果關係真的很難啊。如果看到沒有任何佐證就如此主張的報導或新聞，一定要拿放大鏡好好審視一番喔！

LESSON

14

運用機率與統計，
連「神蹟」都能識破？

◦ 機率與統計能讓我們識破這世界的謊言

 本書的機率與統計課就到這裡。愛莉覺得有趣嗎？

 機率跟統計都有很多日常生活的話題，很有趣耶！只是偽相關的部分有點可怕……。

 這世界有很多使用機率與統計編織的謊言，所以一定要格外小心。

 也有使用機率編織的謊言嗎？

 當然有啊，很多人利用機率杜撰所謂的「奇蹟」喲。

杜撰奇蹟？聽起來怎麼那麼可怕啊……。

◦ 利用機率與統計計算「神蹟」

之前提過「同班的學生同一天生日的機率」對吧？愛莉有聽過「全家四代，生日都同一天」的例子嗎？

全家四代同一天生日？

就是自己、爸爸、爺爺、曾祖父都是同一天生日的例子。

這有什麼好質疑的，一定是奇蹟了啦！

就比例來說，大概是「每5000萬個家庭會出現1個這樣的家庭」，換算成機率就是「5000萬分之1」。

看吧，果然是奇蹟吧！

的確，如果發生在自己身上的話，真的會覺得是奇蹟。

不過這世上有10億個以上的家庭。由於四代全是同一天生日的機率有「5000萬分之一」，所以這世界至少存在20個這樣的家庭。

 這結論有點難以置信耶（笑）。

 順帶一提，日本也有這種四代同一天生日的家庭喲，而且還在2006年得到金氏世界記錄的認證。美國的話，好像也有連續四代都在美國獨立紀念日7月4日出生的家庭。

 還真的有啊（驚）。

▣ 就算機率很低，只要數量夠多就一定會發生

 對當事人來說，這當然是奇蹟，但從機率來看，就會覺得「沒有發生才奇怪」。

也就是說，計算之後會覺得「沒發生才奇怪」的意思啊。

如果愛莉剛好出生在這種家庭，又有人在旁邊跟妳說「你家被詛咒了，不到神社淨化一下，會倒大楣」，妳說不定就會信以為真。

我一定會相信的啊！說不定會因此買下奇怪的壺（笑）。

我很常聽到像這樣濫用機率的事情。**「機率很低不代表不會發生」**。也就是說，就算機率很低，只要數量夠多就一定會發生。

就算機率很低，只要量夠大就一定會發生……。

其實很難直接在商場使用這類機率或統計的知識。
不過，機率與統計能幫助我們判斷這類「與機率或統計有關的話題」。

意思是，聽到相關性的話題或偏激的主張時，要多一分提防的意思。

沒錯，網路愈來愈發達，我們身邊也充斥著各種資訊，其中有很多利用機率與統計編織的「謊言」。

我瀏覽網路新聞的時候，的確很常看到「做了○○事，運氣就會變好」這種報導。

大部分這類報導都是亂編的，統計學的老師看到一定會氣到不行。身處這個時代的我們更要注意「相關性與因果關係的差異」，也希望大家能進一步活用本書介紹的「機率與統計的基礎知識」。

●作者簡介

Yobinori Takumi

東京大學研究所畢業。放棄攻讀博士班之餘，也辭掉做了六年的補習班講師，決定專心經營Youtube頻道「Yobinori」，提供科學課外活動的課程。在學時期主修的是理論物理學，大學念的是「物理化學」，研究所念的是「生物物理」。以物理這類理科課程內容為主的Youtube頻道「在NORI補習班學『大學的數學與物理』」（予備校のノリで学ぶ「大学の数学・物理」）目前已有82.9萬的訂閱者，累計播放次數也已超過1億次。著有《難しい数式はまったくわかりませんが、微分積分を教えてください！》、《難しい数式はまったくわかりませんが、相対性理論を教えてください！》（以上由SB Creative出版）、《予備校のノリで学ぶ大学数学》、《予備校のノリで学ぶ線形代数》（以上由東京圖書出版）等。

MUZUKASHII SUUSHIKI HA MATTAKU WAKARIMASENGA、
KAKURITSU・TOUKEI WO OSHIETEKUDASAI！
Copyright © 2020 Yobinori Takumi
All rights reserved.
Originally published in Japan by SB Creative Corp., Tokyo.
Chinese (in traditional character only) translation rights arranged with
SB Creative Corp. through CREEK & RIVER Co., Ltd.

傻瓜學機率&統計
不懂公式也無妨

出　　　　版	／	楓葉社文化事業有限公司
地　　　　址	／	新北市板橋區信義路163巷3號10樓
郵 政 劃 撥	／	19907596　楓書坊文化出版社
網　　　　址	／	www.maplebook.com.tw
電　　　　話	／	02-2957-6096
傳　　　　真	／	02-2957-6435
作　　　　者	／	Yobinori Takumi
翻　　　　譯	／	許郁文
責 任 編 輯	／	王綺
內 文 排 版	／	洪浩剛
校　　　　對	／	邱怡嘉
港 澳 經 銷	／	泛華發行代理有限公司
定　　　　價	／	350元
初 版 日 期	／	2022年2月

國家圖書館出版品預行編目資料

傻瓜學機率＆統計 不懂公式也無妨 / Yobinori Takumi作；許郁文翻譯. -- 初版. -- 新北市：楓葉社文化事業有限公司, 2022.02　面；　公分

ISBN 978-986-370-382-2（平裝）

1. 機率論　2. 數理統計　3. 通俗作品

319.1　　　　　　　　　　　110020912